难倒老爸

科学解答看似简单的"孩子"问题

猛兽怎样过日子

纸上魔方 编

适合 6~9 岁 阅读

吉林科学技术出版社

图书在版编目（CIP）数据

猛兽怎样过日子 / 纸上魔方编. —— 长春 : 吉林科
学技术出版社, 2014.10（2023.1重印）
（难倒老爸）
ISBN 978-7-5384-8291-1

Ⅰ.①猛… Ⅱ.①纸… Ⅲ.①动物 – 青少年读物
Ⅳ.①Q95-49

中国版本图书馆CIP数据核字(2014)第219233号

难倒老爸

猛兽怎样过日子

编　　纸上魔方
出 版 人　李　梁
选题策划　赵　鹏
责任编辑　周　禹
封面设计　纸上魔方
技术插图　李　雷
开　本　　780×730mm　1/12
字　数　　120 千字
印　张　　10
版　次　　2014年12月第1版
印　次　　2023年1月第3次印刷
出　版　　吉林科学技术出版社
发　行　　吉林科学技术出版社
地　址　　长春市净月开发区福祉大路5788号
邮　编　　130118
发行部电话 / 传真　　0431-85677817 85635177 85651759 85651628 85600611 85670016
储运部电话　0431-84612872
编辑部电话　0431-86037698
网　址　　www.jlstp.net
印　刷　　北京一鑫印务有限责任公司
书　号　　ISBN 978-7-5384-8291-1
定　价　　35.80 元

猛兽来自何方

我们所说的猛兽，大概指的就是那些凶巴巴的动物！哈哈，地上跑的狮子、豹子、大老虎，天上飞的雄鹰和秃鹫，还有水里游的虎鲸、大鲨鱼……全都可以称为猛兽。

其实，猛兽的个头不见得太大，但是一定有着某种不同寻常的能力，可以打遍天下无敌手！就拿吸血蝙蝠来说，那小东西简直就是个超级"病毒库"——不论人还是动物，只要被它咬一口，差不多就死定了。

▼一头豹子的大头照

目 录
CONTENTS

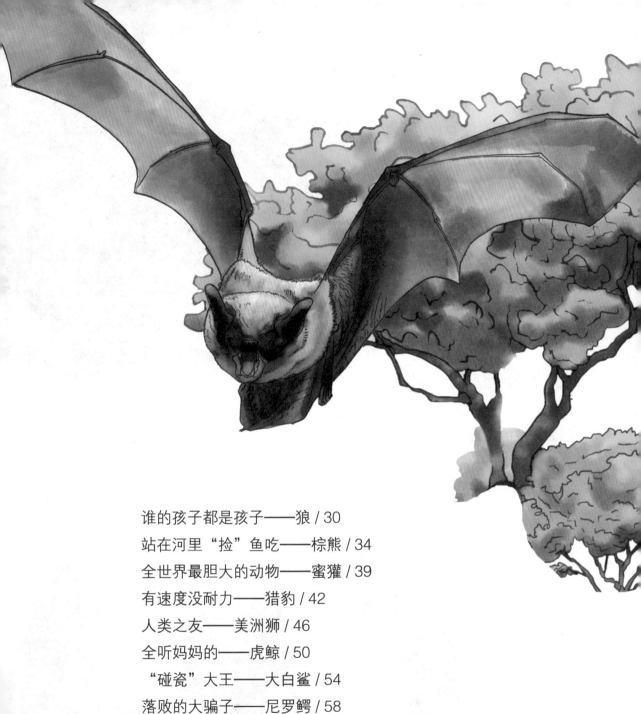

猛兽也有温情的一面

哇，老虎的虎牙，眼镜蛇的蛇毒……说真的，猛兽各个都厉害！但是，动物都是有感情的，只要你对它们付出了感情，只要你不去伤害它们，那就一定有回报。

因为，动物不仅不会主动攻击人，甚至会记得你对它的好。假设，你曾经照顾过一头小狮子，并且把它当大猫咪一样爱护。就算很多年以后再相逢，你的狮子朋友也会主动站起来拥抱你的！

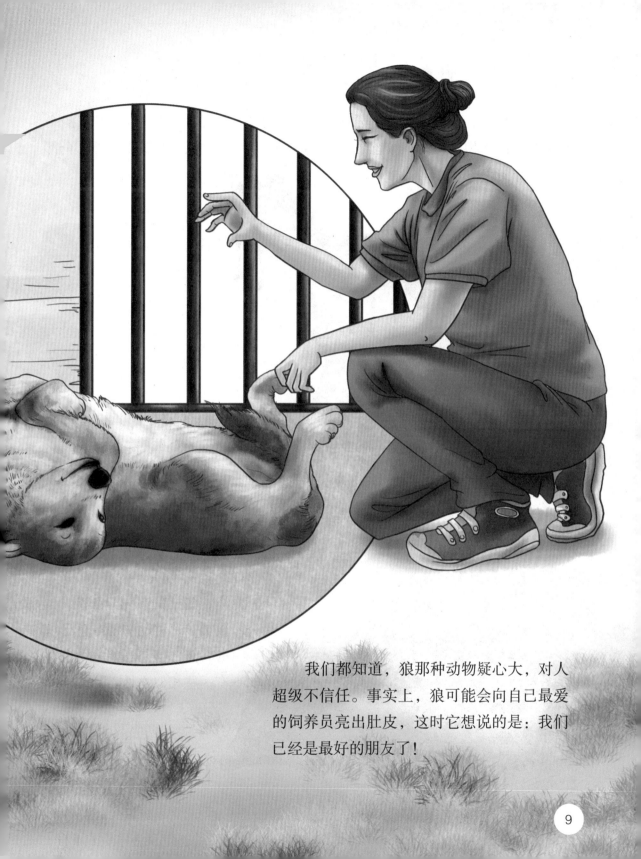

我们都知道，狼那种动物疑心大，对人超级不信任。事实上，狼可能会向自己最爱的饲养员亮出肚皮，这时它想说的是：我们已经是最好的朋友了！

野兽家族成员有什么共同特征

提起野兽，我们可能一下子就会想到：豹子、老虎，还有大灰狼那样的个子比较大的动物。其实，像老鼠、刺猬那样的小动物，只要生长在野外，全都可以叫作野兽。

陆地、天空和海洋，到处都有兽类家族的成员，每种动物都有自己的特点，但是互相之间也有一些相似之处。

什么样的动物可以叫作"兽"呢？简单地说：它们都是妈妈肚子里生出来的，而不是蛋壳里孵出来的；它们像人一样，体温不会忽高忽低；它们很聪明，能够比较自如地应对环境的变化……

谁让动物变得凶猛

你相不相信，有时候我们是闭着眼睛看世界的？

例如：一头野猪闯入了庄稼地，把农民伯伯的玉米啃了个乱七八糟。听到这样的消息，你一定觉得野猪很坏，是不是？

其实我们应该想一想，野猪为什么要偷吃玉米呢？也许它太饿了。它为什么会饿呢？也许树林被砍光了，它根本没地方找吃的……

事实就是这样，由于人类的种种破坏行为，动物们的生存空间正在一天天地变小。

▼这只猴子发怒了

动物世界暖融融

　　你知道当一头鲸鱼受伤的时候，它的同伴们会做什么吗？快看快看，有的鲸鱼会用脊背托着它，有的会用自己的鳍抚摸、爱抚它……因为大家实在太心疼那个"伤员"了。

你知道寒冬来临的时候，金丝猴的爸爸妈妈会怎样对待自己的猴宝宝吗？

天哪，爸爸会抱着妈妈，同时把小猴子放在它们中间，就这样互相取暖。

哦，那些相亲相爱的动物，让人看得心里暖暖的。

猛兽之最

你知道哪种野兽跑得最快吗，你知道海洋里最凶的野兽是谁吗？

猎豹跑得飞快！天哪，它每小时能跑110千米。假如一辆小汽车跑到这个速度，车身都会发抖的。

虎鲸就是称霸海洋的大王！哇，小眼睛整天冒凶光的鲨鱼，看到虎鲸也会吓得哆哆嗦嗦。

　　哈哈，猛兽的世界
妙趣横生，精彩纷呈，让
我们一起去领略它们各种
各样的神奇本领吧！

变变变，变白了——孟加拉虎

哇，超级"大猫咪"！你看它们：耳朵尖尖的，身穿杏黄色的、有黑色条纹的毛衣，有时会舔舔爪子、洗洗脸……要不是个子太大了，怎么看都和猫咪差不多。没办法，狮子、老虎、豹，还有乖乖猫——它们原本是一家，咱都是猫科动物成员嘛。

　　如果现在有两只年纪一般大的孟加拉虎站在一起，你能一眼分出谁是男生谁是女生吗？告诉你吧，男生长得会壮一点儿，身体也会长一点儿。另外，随着年龄的增长，孟加拉虎的脸会"变大"的。其实那是因为它们的脸蛋上渐渐地长出了鬃毛，就好像叔叔的络腮胡子一样。

　　扑通一声跳下水——我要好好地游个泳、洗个澡喽。哦，孟加拉虎太喜欢玩水了，玩高兴了还要站起来拍手欢呼，一边大吼，一边摇头晃脑地甩得水珠珠满天飞呢。

　　哈哈，你能想象雄虎和雄狮的身材有啥区别吗？告诉你吧，狮子尾巴更细一点儿，个子更高一点儿。另外，由于狮子头上长着一圈鬃毛，所以脑袋会显得大一点儿。

▼雪虎

大多数孟加拉虎是杏黄色的。但是某些特殊情况下，它们的虎宝宝也会发生颜色的改变。变成什么样呢？可能变成金虎，变成黑白条纹分明的白虎，变成有着淡淡黑条纹的雪虎，还可能变成完全没有条纹的纯白虎。

▼白虎

▼纯白虎

▼金虎

团结起来一致对外——斑鬣狗

它们身上有点点；背上长着一溜竖起的毛毛，远看有点儿像鱼鳍；那对椭圆形的大耳朵，好像被啃了一口的桃子——快看，斑鬣狗来了！这家伙也叫斑点鬣狗或者斑点土狼，又凶又坏，总是惹是生非。它们甚至会摆出阵势，攻击落单的大象。

　　尽管斑鬣狗偏爱打架斗殴，却也懂得要好好对待家里人。假设两只斑鬣发生了矛盾，它们最多互相吼一嗓子，而不是打个你死我活。就算个别家伙情绪失控，想要血拼一场，"家长"也会站出来劝架的。

天哪，狮子都惹不起斑鬣狗！我们总说狮子是草原之王，可实际上大王也有落魄的时候。咳，每当狮子们圈了一块地盘住下，一大群斑鬣狗就会赶来凑热闹。斑鬣狗太多了，经常害得狮子们没饭吃，只能趁它们溜号的时候偷点儿剩肉回来。

▼斑鬣狗妈妈
生宝宝了

▼一只斑鬣狗正在圈地盘

天哪，世界上所有的妈妈都很伟大！只要在妈妈肚子里待上四个月，小斑鬣狗就要出生了。但是，生宝宝简直是斑鬣狗妈妈经历的一场劫难。咳，由于难产造成的斑鬣狗母子双亡的情况，发生的概率还是很高的。

我们都看过，出来玩的小狗会到处尿尿。原来，那小家伙想要做记号，表示自己曾经到过某个地方。斑鬣狗也有类似的行为，它们会排泄一种黄色的油乎乎的东西，再用爪子碾一碾，散散味儿，以此给自己画出一块领地。哦，看起来有点儿不讲卫生，但是必须这么做。

最爱冰雪游乐园——猞猁

　　粗壮的大长腿；毛毛是浅棕色的，有些杂点；肚皮白白的。天哪，如果在树林里看到猞猁，你一定会夸它太矫健了！但是转身一看，猞猁的尾巴可真够短的，简直比兔子尾巴长不了多少。呵呵，尾巴尖是黑的，好像蘸了墨水的毛笔。

哇，冬天到了，冰天雪地可是猞猁们的游乐园哦。它们喜欢雪上飞，抓老鼠、抓野兔。你知道猞猁为什么不怕冷吗？原来，每到寒冬时节，猞猁身上的毛就会变得又厚又密，爪爪的肉垫上也会裹着毛毛。它们主要是靠爪爪散热，所以裹上毛之后，就好像穿上棉靴子了。

　　大多数猞猁会把家安在岩洞或者树洞里，那个家不仅是它们休息的地方，也是养育宝宝的地方。每年的4月到6月，天暖了花开了，猞猁宝宝出生的季节也就到了。通常来讲，小猞猁长到一岁时，就要离开妈妈了。

　　猞猁是一种超有耐心的动物。它们会在猎物经常出没的地方找片草丛、灌木丛或者石头、大树——哼哼，咱埋伏下来，专逮那些过路客。

▲一只猞猁正为捕猎而蹲守

两只耳朵竖起来，跟猫咪挺像的。但是，猞猁耳朵尖上还竖着一撮黑色的长毛，这可是它们独一无二的特征。

谁的孩子都是孩子——狼

只要说起狼，可能立刻就会想起它那副龇牙咧嘴的模样儿，好像见面非得咬一口似的。其实，狼是超级有爱心的，它们疼爱孩子，也会关爱父母兄弟。假设一头小狼不幸成了孤儿，其他狼爸狼妈绝不会袖手旁观，一定会把它当成自己的孩子来照顾的。

　　尖耳朵、黑鼻头，机灵勇敢，鼻子特好使……哦，狼和狗狗真的是太像了。的确，它们都是犬科家族的成员。狼的生存能力超强，不论山地、林区、草原，甚至是寒冷的北极圈，全都能找到它们健美的身影。

你知道狼妈妈怎么喂孩子吃饭吗？原来，妈妈会先把食物吃下肚，然后再吐出来给小狼吃。这是为什么呢？因为经过这个过程，那些香喷喷的肉肉就会变得又碎又糯，小狼吃了才会比较容易消化。

优秀的狼可以做狼王，碌碌无为的狼只能胡乱混日子——狼的世界里，的确是有等级之分的。如果遇见狼王，其他的狼会怎样呢？哈哈，它们会稍稍弓起背、低下头，尽量表现出顺从的样子。

▼一只普通的狼遇到狼王会尽量蜷缩身体

猜猜，大灰狼为什么会皱鼻子？
天哪，这时候千万别理它！因为它皱起
鼻子表示：我很生气，快要发怒了！

▼生气的狼就是这副表情

站在河里"捡"鱼吃——棕熊

　　大圆脸、小眼睛，嘴巴稍微有点儿长，耳朵是半圆形的——难道说的是大熊猫吗？哈哈，棕熊和大熊猫的外形长得还真像，可是颜色却完全不一样，棕熊的毛色是棕色的。棕熊是一种孤独的动物，它们大多数时候都是单独行动的。但是，熊妈妈出门的时候，可能会带上年幼的小熊。

有时候，棕熊会对着一棵树发狂——抓、咬、蹭，仿佛要使出浑身解数。这是为什么呢？原来，啃一啃抓一抓，就可以留下自己的气味了。然后，咱就在这片大森林里拥有了一块属于自己的地盘，其他的熊见了这样的树都会绕着走的。

妈妈全是好妈妈，爸爸可能是坏爸爸！天哪，棕熊爸爸太糟糕了，它们不但不照顾熊宝宝，还会举起巴掌吓唬孩子呢。

棕熊眼神儿不太好，但是它们的鼻子特灵敏，比猎犬还灵。有啥证据吗？哈哈，河里的鱼就能做证！只要闭眼闻一闻，棕熊就能判断哪里有鱼了。另外，棕熊的胳膊很有力气，最擅长做徒手抓鱼这种小事。每年大麻哈鱼洄游的季节，棕熊可美了，因为站在河里就能"捡"鱼吃。

全世界最胆大的动物——蜜獾

哦，身体瘦长，小脑袋，尖嘴巴，背上好像披着一个白斗篷——这家伙就是蜜獾，号称全世界最胆大的动物。天哪，想吃蜂蜜就去掏马蜂窝，是够胆大的。难道就不怕被马蜂蜇吗？当然不怕了，因为蜜獾皮糙肉厚，马蜂根本蜇不透。

志同道合才能做朋友！因为喜欢蜂蜜，蜜獾和一种小鸟成了好友。那种鸟呢就是黑喉响蜜䴕。每当黑喉响蜜䴕见到蜜獾的时候，就会大呼小叫地召唤它，蜜獾也会高兴地回应。接下来，黑喉响蜜䴕做向导，告诉蜜獾蜂巢在哪里——咱们两个结伴找吃的去。

其实，蜜獾跑起来不比豹子慢，但是它们遇到豹子也不会急着逃跑。咳，就算豹子抓住了蜜獾，也拿它没啥办法。因为蜜獾的皮毛滑溜溜的，稍稍一用力就可以挣脱豹子爪。

我们都知道，眼镜蛇简直太毒了，被它咬一口肯定活不了。但是，蜜獾不怕眼镜蛇，它甚至会捉来眼镜蛇当饭吃。它不会被毒死吗？当蜜獾吃掉眼镜蛇以后，可能会稀里糊涂地睡上两个小时，一觉睡醒就没事了——这真是个说不清的奇迹！

40

▼蜜獾妈妈叼着宝宝搬家了

防人之心不可无！蜜獾就是这么想的。所以，蜜獾妈妈经常要搬家，叼着宝宝搬，三五天就搬一回。岩石间的空当，还有树洞，都可以让它们暂时住下来。

有速度没耐力——猎豹

　　咳，即使对于猎豹那样的优秀猎手，找点儿吃的也不容易。因为猎豹是个短跑选手，跑上几百米就得停下来歇歇。所以，猎豹想要抓到羚羊那样的运动健将，难度还是相当大的。然而总有人想要不劳而获，比方说非洲豺犬。这家伙经常会虎视眈眈地盯着猎豹，企图分享猎豹嘴里的肉肉。

其实做任何事情都是要付出代价的。就说猎豹吧，虽然它跑得很快，但是跑得太快了也会累着的。累着了会怎样呢？大口喘气，甚至会严重虚脱，瘫软在地。天哪，猎豹先生真跑起来，越野车都追不上它！那时候它的心肝肺都是超负荷运转的，比咱们上体育课辛苦多了。

▼猎豹脸上那道泪痕

你知道猎豹和豹子看起来
有什么不一样吗？原来，猎豹的
眼角，靠近鼻梁的地方有个黑道
道，一直画到了嘴巴上。

哦，刚出生的小猎豹眼睛还睁不开呢，这小东西只有几两重，趴下去像只毛茸茸的大手套。小猎豹一岁之前，会跟着妈妈一起生活，学打猎，也学逃跑的技巧。宝宝长大了要离开，但是猎豹小姑娘可能还会在妈妈身边多留一段时间。

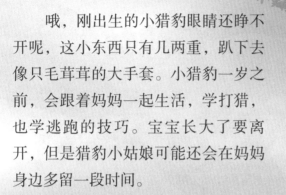

▼猎豹露出了尖牙

哇，尖牙！猎豹嘴里的牙齿看起来尖尖的，有点儿吓人，但是它们的牙有点儿短。所以，每回捕猎成功，猎豹是没法用牙把猎物咬死的，只能咬住了让猎物喘不上气最后憋死。

人类之友——美洲狮

哇，跳崖了！呵呵，美洲狮是个跳跃能手。它们会眼观心算，是不可能轻易掉下悬崖的。它们到底能跳多远呢？告诉你吧，峡谷、深沟轻松过，美洲狮这一跳，八九米宽的距离完全没问题。

　　美洲狮还有个名字叫"美洲金猫"。它们喜欢安静，喜欢躲在某个角落里偷偷地看世界，喜欢找块大石头蹭来蹭去，会发出呼噜呼噜的声音……越看越像大猫咪。另外，由于超凡的跳跃能力，捕猎对于美洲狮来说会比较容易。天哪，跳两跳就追上猎物了！

　　大自然里，可能遇到各种各样的敌人，需要应付霜寒饥渴……那样的生活充满变数。

每次捕捉到猎物，也不见得一顿就吃光。剩下的放在哪里呢？哈哈，当然是挂在树上！野外的美洲狮觉得，把吃剩的肉叼上树藏起来比较安全。

小宝宝犯了错误怎么办——咬一口还是打一巴掌？天哪，美洲狮妈妈可不会那么粗鲁，它只会轻轻地拍拍宝贝儿的头，意思是说：下回你可不许这么做了！

▼美洲狮妈妈在教育宝宝

所以，野生的美洲狮不得不让自己变得强大，甚至凶猛起来。事实上，它们本性很善良。人工驯养的美洲狮也被称作"人类之友"，它们不仅可以和猫咪狗狗做朋友，还能帮主人看家护院呢。

49

全听妈妈的——虎鲸

　　白肚皮，脊背黑亮亮的，背上竖着三角形的鳍，脸蛋上有块枣弧形的白色斑块——虎鲸看起来就好像一条漂亮的大鱼！其实它真的不是鱼哦。我们都知道，如果人身体里脂肪太多，一定会发胖的。但是虎鲸特别需要脂肪，正因为皮肤下厚厚的脂肪层，它们才不会在冰冷的海水里冻得打哆嗦。

哇，白鲸当选了海中"金丝雀"，座头鲸评上了鲸类中的"歌唱家"！但是，虎鲸一点儿都不羡慕它们，因为咱是鲸中的"语言大师"！虎鲸会说话吗？当然了，它们能够发出六十多种不同的声音，而且都是有着特定含义的。

一头虎鲸长大之后，体重十吨左右，身长九米多。天哪，它们眼里的潜水员，应该就像一只小蜜蜂。

每一个虎鲸家的户口簿上，可能记录了两到九名成员，它们可能是亲戚，也可能是亲人。这个小家庭里，有老有少有男有女，有活大家干。但是，当家做主的一定是"妈妈"，也就是一头年长的母鲸。

　　有时候，虎鲸会把大脑袋伸出水面，好像仰望天空似的。其实它们是在透气儿呢，因为虎鲸要用肺部呼吸空气，老待在水里就会缺氧，喘不过气来。

"碰瓷"大王——大白鲨

　　小眼睛、燕子尾，大嘴巴边上露出小尖牙——这个大白鲨呀，总好像抿着嘴唇恨恨地要打架！虽说名字叫大白鲨，但是它真不是全白的。你看它的背，可能是灰色、淡蓝色或淡褐色的，可肚皮的确是白白的。

别看大白鲨眼睛小，但是咱视力好，咱能看到身边15米左右的猎物。你相信大白鲨会"翻白眼"吗？也就是眼球上出现一层白色的薄膜。其实，这层膜的真正作用是保护眼球。另外，大白鲨的鼻子也特灵，假如两里地之外有条鱼出血了腥腥的，它会闻着味儿找去的。

大白鲨远远地看，它的皮肤好像很光亮，事实上它们的"皮衣"粗糙极了。所以，大白鲨从来不怕发生"交通事故"。天哪，谁被它撞了谁倒霉，非得蹭得哗哗流血不可。

如果能找到一片沙漠住下来，那就太美了！因为沙漠地区"穷"得要命，能吃的东西很少。如此一来，那些胃口较大的动物绝对不会在沙漠驻扎下来。哈哈，小小的美颌龙绝对有潜力做个沙漠霸王，在那里任意捕捉蜥蜴、昆虫等小动物，每顿都能吃得饱饱的。

战场上没有常胜将军，大白鲨也一样。这家伙每天打打杀杀的，难免出点血、掉颗牙。牙掉了怎么办呢？嗨，没啥大不了的，旧的掉了还能长新的。

▼大白鲨长着两排牙齿

落败的大骗子——尼罗鳄

唉，要是一头尼罗鳄掉进泥坑，一定没人去救它的，因为它和淤泥的颜色太相近了。也不知这家伙怎么长的，趴在石头上像石头，趴在树林里像枯木，伪装能力实在太强了。所以，它们经常找个地方傻等，等到猎物从眼皮底下路过，瞬间扑上去抓捕！斑马、羚羊、水牛，还有大河马，全都上过尼罗鳄的当。

河马其实挺凶的，尼罗鳄望见它们也不敢轻易下手。但是，鳄鱼多了力量大，假如很多尼罗鳄一起盯上了河马，这些家伙还是愿意集体冲上去赌一把的。

夜里在水中藏着，白天出来晒个太阳，
咱就这么个活法。你听说过尼罗鳄吞吃大石
头的事吗？呵呵，吞石头是为了让自己变得
重一点儿，这样在水里睡觉的时候才不至于
突然漂起来。

　　连续的干旱，可能是尼罗鳄每年都会碰到的难题。每到这时，它们会拱
开地皮，把自己藏进土壤里。如此一来，身上的水分就会少蒸发一点儿，便
于保命。

▼豹子大战尼罗鳄

如果比力气，鳄鱼会赢；比牙齿，豹子和鳄鱼差不多。猜猜，豹子能不能战胜鳄鱼？但是，聪明的豹子会咬住鳄鱼的嘴。那家伙张不开嘴，没法咬人，也就死定了。

没有螺丝的潜水艇——河马

　　脸蛋儿鼓鼓的，身体好像刚出炉的大面包一样，被四条又粗又短的腿撑着——哦，河马可真胖。它们大多生活在炎热的非洲，最喜欢做的事情就是下河洗澡。河马很爱干净吗？其实，河马泡在水里也是迫不得已，如果长时间离开水，它们的皮肤就会裂开的。

躲在水下的时候，会自动封闭嘴巴、鼻孔和耳朵——河马好像一艘没有螺丝的潜水艇。但是这么憋着谁也受不了，隔上三五分钟还是要露出大鼻子透透气的。

▲河马的汗珠是红色的

天哪，流血了！的确，河马的身体上出现了红红的好像血一样的东西。其实没什么大不了的，那不过是一种比较特殊的有颜色的汗水罢了。这种红红的"血汗"里含有防晒剂哦！

千万不要伤害河马哦，不然它会恨你一辈子的！假设有个人踹了河马一脚，然后侥幸逃脱，爬上了一棵树。那完蛋了，河马虽然不能上树，但是它会在树下等到你下来为止，这家伙真的特别死心眼儿。

河马的脾气很暴躁，它们经常会发疯的，见到同伴咬同伴，见到小船咬小船。但是，妈妈对宝宝是很有爱心的，它会形影不离地陪在自己孩子的身边，当好保护神。河马老爸就不一样了，这家伙对崽崽同样充满敌意。

犀牛之王——白犀

　　白犀就是白犀牛，也叫方吻犀或者宽吻犀，它号称是"犀牛之王"哦！怎么就称王了呢？因为白犀牛太威武高大了，比黑犀牛大，也比印度犀牛大。这么说吧，动物世界里，几乎没有谁能打败白犀牛。

犀牛这样的大个子也有小朋友，比方说犀牛鸟。那些小鸟会落在犀牛身上啄来啄去，但是大犀牛好像很欢喜的样子，绝不会把小鸟赶走。原来，犀牛经常会受到一些小虫子的侵扰，它们藏在犀牛皱巴巴的皮肤里，赶都赶不走。幸亏犀牛鸟，它们会把虫子捉了吃掉！

▼死掉的白犀牛的角自然消失了

我们都知道，犀牛角是一种珍贵的药材。事实上，自然死亡的白犀牛的牛角很快就会消失，留下来的机会微乎其微。

你知道白犀牛有几只角吗？其实是两只，一大一小、一前一后，前角弯后角直。犀牛角可硬呢。奇怪的是，这么硬的角竟然是老化的皮肤纤维堆成的，就好像我们手上长的茧子一样。

雄的白犀牛没人爱，所以它们总是单独行动。只有雌犀牛才会结伴生活，十多头组成一个小家庭，大家一起吃草，互相照应。如果你家有一大片杂草需要清理，那就雇用一头白犀牛好了。天哪，被它们啃过的草地，简直比剪草机推的还平整。

69

眼瞎耳聋的毒王——眼镜王蛇

眼镜王蛇诨号过山风！一度被看作是毒蛇中的"毒王"。这家伙大多生活在热带雨林里，察觉到风吹草动就会立起身子，嘴里还会发出呼呼声，左摇右摆给你来个下马威。其实它是个惹不起的角色，大象看到眼镜王蛇也会绕着走的。

咳，虽然不能说是眼瞎耳聋吧，可眼镜王蛇却是个货真价实的近视眼，而且它耳朵里是没有鼓膜的。这么说吧，你骂它也没用，它听不见。假设你不幸遇到了一条眼镜王蛇，那就原地趴下吧。因为只要你不乱蹦乱跳，那家伙应该不会发现你。

你知道蛇为什么要吐芯子吗？原来，芯子相当于蛇的鼻子，眼镜王蛇会靠它来感觉环境中气味的变化，以此判断是否有陌生人靠近自己。

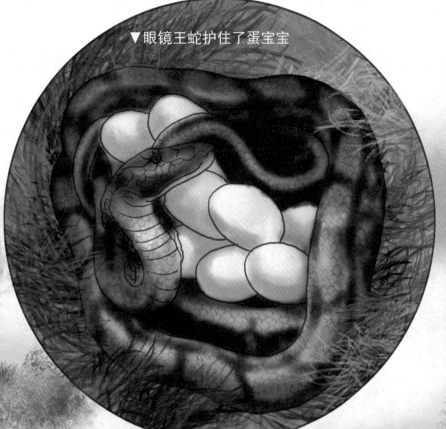

▼眼镜王蛇护住了蛋宝宝

绝大多数蛇都不会搭窝。但是，母眼镜王蛇生蛋之前，会用捡来的许多枯树叶，给孩子们搭个窝，它一次会生20～40个蛋呢。

吃青蛙、吃蜥蜴，吃金环蛇、银环蛇，吃各种各样的毒蛇——眼镜王蛇太恐怖了，所以也被称为"蛇类煞星"。虽说这家伙啥都吃，但是不太贪吃，只要饱餐一顿之后，它们就可以好几个月不吃饭了。

柔软的铰链——网纹蟒

　　和其他蟒蛇比起来，网纹蟒身上的花纹显得有点儿死板，就好像一些三角或菱形块连在一起似的。这家伙被称为世界上最长的蟒蛇，身材比较细瘦，但是缠绕能力超强。野生网纹蟒性情粗暴，捕猎之后会不断盘紧身子，直到把猎物绞死。

　　白天缠在大树枝上歇着，夜里溜达着找食儿吃——没错，网纹蟒是一种夜行性动物。这家伙嘴巴上有个"红外线探测器"，可以精确地感受自己周围温度的微弱变化。这么说吧，一只老鼠路过，网纹蟒立刻就会感觉到它的体温，根本不用眼睛看。

　　尽管网纹蟒可以在陆地上横行霸道，却难逃雄鹰的致命追击。我们都知道，鹰是眼尖爪利的。但是网纹蟒那视力简直没法提，就算它仰起脖子也看不到鹰在哪里。所以，只要鹰从空中高速俯冲下来，网纹蟒就完蛋了。

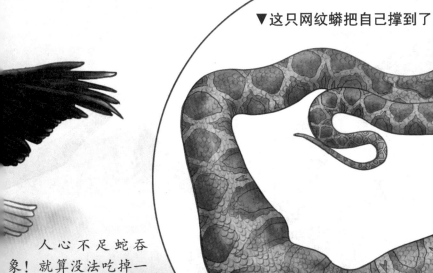

▼这只网纹蟒把自己撑到了

人心不足蛇吞象！就算没法吃掉一头大象，网纹蟒胡吃海塞，把身体撑得严重变形也是常事儿。但是这家伙很神，消化完了又是一条滑溜溜的蛇。

网纹蟒也可能得上口腔溃疡或者牙病，不能吃不能喝，很受罪。这时候要是有个医生来救命，它也会感激得眼泪汪汪呢。

家家都是独生子——美洲角雕

哈哈，站得高才能望得远！美洲角雕喜欢住得
很高，比方说超过40米的大树上，并在那里筑巢养宝
宝。虽说角雕老爸不会孵蛋，可是也会献爱心——
它们会出去捕食，再衔回来给雕妈妈吃。

美洲角雕长了一张鹰钩嘴，还有一对超有力的大爪子，可以轻松按压或提起重物。另外，这家伙飞起来几乎没有声，可以悄无声息地接近猎物。然后，嘴咬爪按，咱这顿饭就算有着落了。

▼非洲角雕头上真的长角了

角雕真的有角吗？其实"角"指的就是它们头上那几根立起来的羽毛。

美洲角雕总是睁着那对机灵的眼睛，扫描存在于热带雨林各个角落里的猎物。小懒猴、树懒、金刚大鹦鹉……都可能成为它的目标对象。尤其树懒那样动都懒得动的家伙，被它盯上就算没救了。

▼角雕妈妈放弃了没
　出壳的蛋宝宝

　　美洲角雕一
次可能会生下两枚
蛋，可惜的是，
每对角雕夫妻只
想要一个孩子。
所以，只要一只小
角雕已经孵化出来
了，另一枚可怜的
蛋就会被放弃掉。

大草原的清洁工——秃鹫

　　秃鹫也叫白头海雕，总的来说，这家伙毛色比较暗，但是脖子、翅膀以及嘴巴等处也会出现白色块。大多数时候，秃鹫会在天上飞，一旦发现地上有死掉的动物，就赶紧飞下来捡着吃。所以，它们被称为"大草原的清洁工"。每年角马大迁徙的时候，秃鹫总会尾随其后。没错，它们就是盼着能捡到死角马。

　　捡点粗树枝，去大树上筑个巢吧！然后，秃鹫还会在窝里铺一些杂物，比方说小树枝和动物毛等。这家伙喜欢独来独往，通常在找对象的时候才会往一起凑合。

秃鹫飞翔的时候，一对翅膀几乎会张成一字形。最有意思的是，这家伙很少呼扇翅膀，好像在空中玩飘浮一样。

秃鹫不傻，它们知道有装死这回事。所以每次靠近食物的时候，这家伙都会用翅膀或爪子试探一下，看看倒地的那个是真死还是假死。

两只秃鹫抢食吃，打斗场面也是很激烈的，打到脸红脖子粗——它们情绪激动时，脸会变成鲜红色的。咳，用鸟为食亡来形容它们太合适了。

　　秃鹫能出名，主要是因为那个光秃秃的脑袋。没办法，不秃不行，因为它们老是吃那些黏糊糊的脏东西。对，如果头发太多了，一定会粘到一起的。

我用美味打动你——红隼

红隼是一种小型猛禽，打猎稳准狠！没事的时候，它们会在高空盘旋飞翔，但是只要发现地上有老鼠，眨眼工夫就会冲下来的。你知道红隼男生如何打动自己的心上人吗？天哪，它竟然会大公无私，把自己捕到的猎物送给心爱的隼姑娘。

红隼繁殖的季节里，妈妈们每隔1~2天会生下一个蛋宝宝，每窝通常有4~5枚蛋。假如隼巢遭到破坏，蛋被打碎了，这个红隼妈妈就只能再生一窝蛋。28天之后，小红隼就会陆续出壳了。

树洞，悬崖峭壁的石头缝都可能是红隼安家的地方。它们不太善于造房子，胡乱摆上几根枯树枝就能住下来。有的时候，红隼还会霸占其他鸟的巢穴。咳，喜鹊和乌鸦都曾是受害者。

▼饲养员帮红隼洗脚

你觉得，红隼需要洗脚吗？告诉你吧，冷水洗脚可以帮红隼预防感冒哦。咳，由于人工饲养的红隼抗病能力有所下降，所以饲养员必须得想方设法给它们更好的呵护。

每年秋末冬初，红隼大家族就会离开寒冷的栖息地，待到春暖花开的时候再飞回来。哎呀，大红隼小红隼齐飞翔，那种迁徙的场面可壮观了！偶尔有的鸟飞美了，还会表演一个短距离滑翔呢。但是，那些生活在温暖地带的红隼敢做留鸟，是不需要搬来搬去的。

红肚皮小恶魔——食人鲳

　　眼睛红得像兔子，上嘴短下嘴长，一口三角形的小白牙——天哪，不好，食人鲳来了！这家伙生活在亚马孙大森林附近的江河里，虽然体形不大，但是邪恶至极。它们常常成群结队地攻击那些形体较大的动物，甚至是人类，让猎物瞬间化作一堆白骨。

亚马孙丛林里生活着各种各样的动物，它们与食人鲳本来是互不相干的。但是，动物们也有不小心落水的可能，这就便宜那些小恶魔了。奇怪的是，恶狠狠的食人鲳也有挨饿的时候。这是怎么回事呢？原来，这家伙蹿一蹿，只能跳出巴掌远的距离。哈哈，只要猎物没掉到嘴边，它们是啥也抓不到的！

鱼也有亲戚，亚马孙的河水里，有30多种鱼长得和食人鲳差不多。很久以前，人们把这些鱼都叫食人鲳，其实它们很无辜。真正的食人鲳指的是一种叫作红腹锯鲑脂鲤的鱼，它们最大的特色是肚皮的颜色鲜红。

猜猜，鳄鱼能不能战胜食人鲳？哼哼，尽管鳄鱼也很凶，但是照样禁不住食人鲳合伙乱啃。不过鳄鱼也有办法，那就是：把身体缩成一团，让食人鲳无法咬到自己的肚子。鳄鱼皮又厚又硬不好吃，假如食人鲳不太饿放弃啃，鳄鱼就赢了。

▼把食人鲳当宠物养
实在很危险

　　现在，有些人出于好奇，会把食人鲳当宠物饲养。假如，你家鱼缸只有一条食人鲳，它的确会收敛一点儿，因为这个东西一旦落单就会没底气。不过，明知它咬人偏要养着玩，这种做法还是太冒险了。

海底智能"发电机"——电鳐

好像大饼一样的圆片片，拖着一条粗尾巴——哦，要不是看到"大饼"那对小眼睛，你真的很难把它想象成一种动物。这家伙名叫电鳐，它们生活在海底，是一种软骨鱼。乌贼和鲨鱼也是软骨鱼，这类鱼身体的韧性很好，而且大多是吃肉的。

其实，每种动物的身体里都有电，我们可以把这个叫作"生物电"，只不过电量很小，正常情况下根本感觉不到。不过，电鳐的身体很奇特，关键是它的"小电池"太多了，多到了6000～10 000个。虽说每个"小电池"只有一点点电，但是累加起来威力就很大了。

电鳗、电鳐和电鲶，这些都是生活在海里的能发电的动物。它们自卫要用电，打猎也要用电。尽管自己能发电，电鳐也是不会浪费的，只有在打击大鱼的时候，这家伙才会比较大量、长时间放电的。

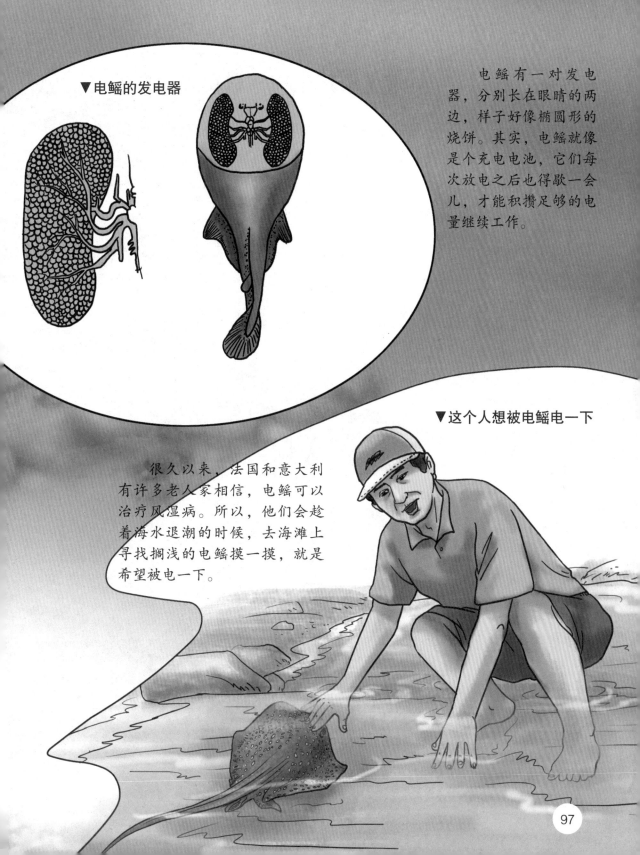

▼电鳐的发电器

电鳐有一对发电器，分别长在眼睛的两边，样子好像椭圆形的烧饼。其实，电鳐就像是个充电电池，它们每次放电之后也得歇一会儿，才能积攒足够的电量继续工作。

▼这个人想被电鳐电一下

很久以来，法国和意大利有许多老人家相信，电鳐可以治疗风湿病。所以，他们会趁着海水退潮的时候，去海滩上寻找搁浅的电鳐摸一摸，就是希望被电一下。

向阳光求新生——科莫多蜥蜴

    大草原、热带雨林和海滩，都有可能找到科莫多蜥蜴的身影。天哪，它是世界上最大的一种蜥蜴了！这家伙长了四条大粗腿，走起路来雄赳赳，会像蛇一样吐芯子，同时发出嘶嘶的声音。但是，这种嘶嘶声根本不是叫声，因为科莫多蜥蜴是个哑巴。

　　岩洞或者靠近树根的树洞，都是科莫多蜥蜴比较喜欢的安家之地。每到夜晚，它们就会躲进这样的家里睡上一觉，第二天还得早起出来晒晒太阳。你知道蜥蜴为什么要晒太阳吗？那是因为，蜥蜴是冷血动物，随着夜间气温的降低，它们的身体也会变得很僵硬，必须暖和暖和才能活过来。

天哪，真没见过这么凶猛的大蜥蜴！你知道它是怎么捕猎的吗？哈哈，擒敌先咬腿——只要猎物跑不了，科莫多蜥蜴就得逞了。这家伙是个浑不怕，它们咬猴子、咬野猪，逼急了也敢和鳄鱼展开厮杀。

一只科莫多蜥蜴从出生到八个月大，一般都会独自待在树上，坚决不和大蜥蜴生活在一起。因为大蜥蜴会吃掉小蜥蜴的！这家伙简直残忍无道。

▼科莫多蜥蜴把蛋宝宝生在沙坑里

科莫多蜥蜴很会省事，它们会找块沙地生蛋，然后把蛋埋在沙子里。为什么呢？因为沙子会吸热，给蜥蜴蛋加温，这样就省去了孵蛋的麻烦。

百毒不侵的气功大师——野猪

　　白白胖胖的大肥猪，我们可能都见过。对，和家猪比起来，野猪相对瘦小一点儿，毛毛比较凌乱，也厚实一点儿。另外，雄性野猪还长了两颗弯弯的大獠牙！其实，家猪就是家养的野猪，只不过经历了漫长的驯化过程，它们早已变得好吃懒做了。

小野猪身上是有花纹的，稀疏的毛有点儿像小婴儿的头发。它们长大之后，花纹没了，换成一身深褐色毛毛。你见过野猪的鬃毛吗？那玩意好像刺一样立在背上，从脖子直到尾巴。告诉你吧，非要等到情绪比较激动的时候，它们的鬃毛才会立起来。

▼这头野猪在练滚地神功

天哪，它会气功！假如，一头野猪在山林里被仇家追杀，你猜它会怎么办？一旦追到无路可逃的时候，野猪会运足了气力，尽量让身体胀大一些，然后从山坡上滚下去。这样的身体就像皮球一样，滚下去也会毫发无伤的。

吃蜈蚣！吃毒蛇！吃了又能怎样，因为野猪是不会被毒死的，它天生具有抗击毒素的免疫力。这就好像流感大暴发的时候，免疫力好的那部分人不会得感冒一样。

▼野猪拱地

你知道野猪为什么要拱地吗？原来，这是在寻找食物哦。哈哈，有好吃的千万别想藏起来——就算你把一颗核桃埋在地下两米深的地方，也会被野猪找到的。没办法，它们的鼻子太灵了。

阴险的多脚怪——大王乌贼

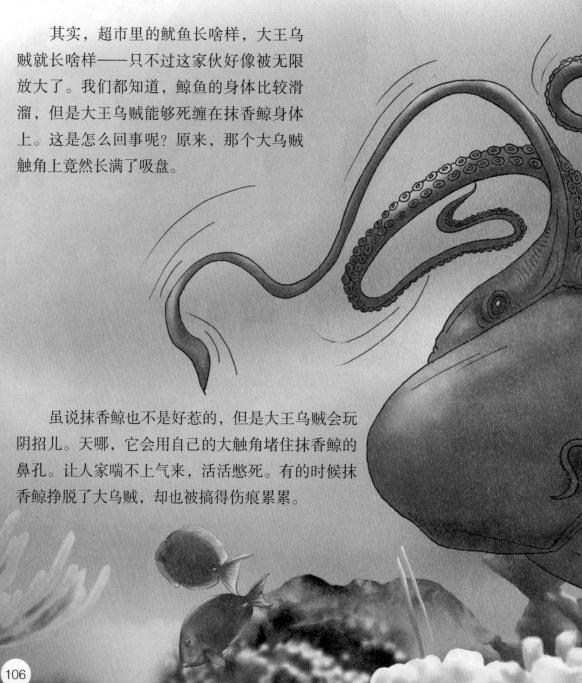

其实，超市里的鱿鱼长啥样，大王乌贼就长啥样——只不过这家伙好像被无限放大了。我们都知道，鲸鱼的身体比较滑溜，但是大王乌贼能够死缠在抹香鲸身体上。这是怎么回事呢？原来，那个大乌贼触角上竟然长满了吸盘。

虽说抹香鲸也不是好惹的，但是大王乌贼会玩阴招儿。天哪，它会用自己的大触角堵住抹香鲸的鼻孔。让人家喘不上气来，活活憋死。有的时候抹香鲸挣脱了大乌贼，却也被搞得伤痕累累。

▼一块龙涎香

凶悍的大王乌贼有时也不敌抹香鲸，成为抹香鲸的美食。尽管大王乌贼一身都是肉，可鸟喙状的颚片和内骨骼却难以消化，有时会进入抹香鲸的肠道和肠道里分泌的液体混合在一起，形成肠梗阻。天长日久这种混合物就变成了香料，这就是龙涎香。

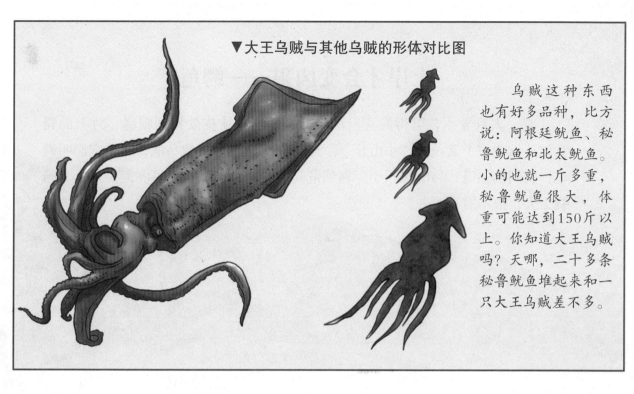

▼大王乌贼与其他乌贼的形体对比图

乌贼这种东西也有好多品种，比方说：阿根廷鱿鱼、秘鲁鱿鱼和北太鱿鱼。小的也就一斤多重，秘鲁鱿鱼很大，体重可能达到150斤以上。你知道大王乌贼吗？天哪，二十多条秘鲁鱿鱼堆起来和一只大王乌贼差不多。

大王乌贼也可能袭击渔民的小船，怪模怪样的，挺吓人。实际上这家伙浑身都是软肋，只要人们用刀子割它一下，它瞬间就完蛋了。

上岸才会变凶狠——鳄龟

　　哦，太难看了，丑得简直没法看。鳄龟这家伙皮肤特别粗糙，背上的壳竟然还长着一个又一个"小山丘"。皮肤像鳄鱼，形状像乌龟，所以它们叫鳄龟。我们都知道，乌龟很胆小，遇到危险就会把脑袋缩进壳里。但是鳄龟的脑袋太大，根本缩不回去。

　　鳄龟生活在淡水里，是一种非常古老的爬行动物，主要包括真鳄龟和拟鳄龟两个品种，其中真鳄龟的个头更大一点儿。你知道鳄龟的舌头是干吗用的吗？原来，它们会把自己的舌头当诱饵，伸出来等鱼上钩。天哪，要不是闭嘴速度快，它的舌头恐怕早就被鱼咬掉了。

所有鳄龟的嘴巴
都是有钩的，但是真
鳄龟更厉害，它们上
下腭都有钩，而拟鳄
龟只有上腭有钩。

鳄龟是一种水陆两栖动物，这家伙待在水里的时候还是挺温和的，它们经常傻乎乎地看着小鱼小虾从自己鼻子底下游过去。但是上岸之后就会性情大变，见谁都想冲上去咬一口。它们的嘴巴好吓人哦，是带钩钩的。

其实，鳄龟背上的"小山丘"也不是杂乱无章的，它们排成了三队。

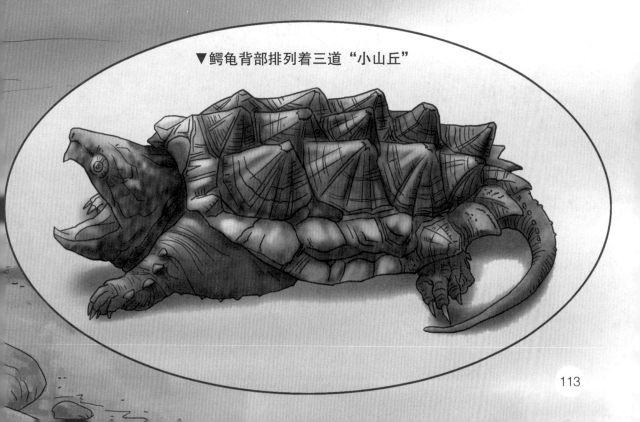

▼鳄龟背部排列着三道"小山丘"

温和的王者——
非洲象

哦，大耳朵非洲象来了！你知道象的耳朵有什么功能吗？告诉你吧，耳朵可以帮忙散热哦。非洲实在太热了，幸亏大象有条长鼻子，时不时地能洗个淋浴。

非洲象把自己喷湿了之后，还要在地上打个滚，因为泥土具有一定的防晒作用。

非洲象是大草原上的王者，它们所向无敌，但绝不会轻易向其他动物开火。哼哼，假如非洲象被惹得火冒三丈，犀牛那样的大力士也不是它的对手。但是，有些坏蛋会打小象的主意，比方说：狮子、秃鹫和鬣狗。所以，非洲象宝宝休息的时候，常常会头朝外站成一个圈。

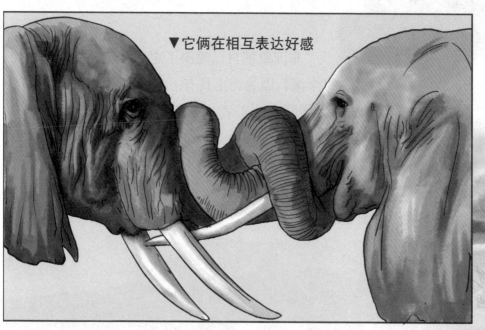

▼它俩在相互表达好感

你知道两头非洲象见面的时候，为什么要把鼻子缠在一起吗？哈哈，它们这是要告诉对方：您好朋友，很高兴见到你！

亚洲象和非洲象，长得还是挺不一样的。这么说吧，亚洲象体形小一点儿，耳朵小一点儿，尾巴又细又短，而且脊梁骨是弓起来的，额头上还长了两个包包。

▲上面是亚洲象，下面是非洲象

我们都知道，穿越沼泽地是一件很危险的事情，搞不好就会陷进泥潭没救了。但是过沼泽这件事对于非洲象来讲没啥难度，因为它们个高、腿长，只要迈开大步向前进就好了。到了沼泽地边缘，人家前腿一搭就上岸了。

只会爱自己——吸血蝙蝠

毛茸茸的吸血蝙蝠，长得有点儿像耗子，塌鼻子的、会飞的耗子。这种东西经常出现在亚马孙的热带雨林里，那些黑漆漆的山洞里，它们身体小小的，长度也就跟大蛔虫差不多。但是，被它咬过的人和动物几乎难逃一死。

▼它的肚子已经撑得鼓鼓的

一只吸血蝙蝠每次喝掉的血液，可能达到自己体重的一半。奇怪的是，这家伙挺着圆滚滚的肚皮，竟然还能到处乱飞。

　　吸血蝙蝠能杀人，并不是由于它们喝掉很多很多的血。原来，这家伙的唾液里存在着某种物质，会让被咬者的伤口无法结痂凝固，最终失血而死。另外，吸血蝙蝠体内的细菌实在太多了，它们是多种要命传染病的源头。

　　人见人嫌的吸血蝙蝠，其实还是挺有责任感的，只不过它们那种爱太狭隘了。如果一只吸血蝙蝠生了孩子，其他母蝙蝠也会帮忙照顾幼崽的。